Angelika Kipp

Mit Folien-Fensterbildern durchs Jahr

frechverlag

Von Angelika Kipp sind im frechverlag weitere Bücher mit kunterbunten Bastelideen erschienen:

TOPP 1521

TOPP 1683

TOPP 1832

TOPP 1829

TOPP 1809

TOPP 1762

Fotos: frechverlag GmbH + Co. Druck KG, 70499 Stuttgart; Fotostudio Ullrich & Co., Renningen
Zeichnungen: Berthold Kipp

Auflage: 5. 4. 3. 2.
Jahr: 1998 97 96 95
Letzte Zahlen maßgebend

frechverlag GmbH + Co. Druck KG, 70499 Stuttgart
ISBN 3-7724-1855-4 · Best.-Nr. 1855
Druck: frechverlag GmbH + Co. Druck KG, 70499 Stuttgart

Schnell und einfach herzustellen, kinderleicht anzubringen und ein Fundus für zauberhafte Fenster- und Raumdekorationen:
Das sind Folien-Fensterbilder, die Ihre Wohnung durchs ganze Jahr hindurch verzieren!

Der Vorteil liegt auf der Hand – selbst schräge Dachfenster, Kacheln oder riesige Fensterfronten lassen sich mit selbstklebender Folie dekorieren.

Die Motive sind so einfach, daß sogar Kinder fleißig mitbasteln dürfen, und natürlich können Sie die Vorlagen auch für „klassische" Fensterbilder aus Tonkarton oder Moosgummi verwenden.

Und noch ein Tip: Die Folienmotive bieten sich auch als pfiffige Dekorationen für Papiertischdecken an – die nächste Party kann kommen!

Viel Spaß beim Basteln!

Angelika Kipp

Arbeitsmaterial

- Selbstklebende Folie oder selbsthaftende Fensterfolie (in verschiedenen Farben, z.B. URSUS)
- Schneidemesser
- Schneideunterlage
- Nadel
- Schere
- Bleistift
- schwarzer Filzstift
- Klebstoff
- dünne Pappe
- Transparentpapier
- Zirkel

Selbsthaftende Fensterfolie hat außerdem den Vorteil, daß sie jederzeit vom Fenster abgezogen und nochmals aufgeklebt werden kann.

Vorteile von Folien-Fensterbildern

- Folie ist sehr leicht zu schneiden, selbst kleine Kinder können damit hübsche Fensterdekorationen basteln.

- Sie können Ihre Motive an jedem Fenster mühelos anbringen, auch an schrägen Dachfenstern, weil Sie ja keinen Aufhängefaden benötigen.

- Auch wenn das Fensterbild klebt – ein Putzen der Scheibe ist jederzeit möglich.

- Variieren und kombinieren Sie die Motive nach Lust und Laune – mit Folien-Fensterbildern lassen sich ganze Szenen gestalten, selbst Terrassentüren und große Fensterfronten bekommen so ihre fröhlichen Farbtupfer.

Tips & Tricks

- Lufteinschlüsse in der Folie können durch leichtes Andrükken und Ausstreichen – von der Mitte zu den Seiten hin – beseitigt werden; hartnäckige Luftblasen sollten Sie mit einer Nadel aufstechen und herausdrücken.

- Die Folie kann mit Seifenwasser gereinigt werden.

- Rückstandsfreies Ablösen vor allem von älteren Folien klappt besonders gut, wenn Sie Ihr Fensterbild mit dem Fön leicht erwärmen.

Das Anfertigen einer Schablone

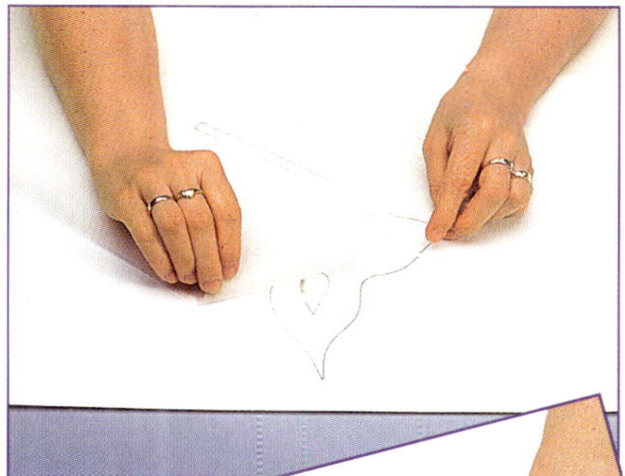

1 Legen Sie das Transparentpapier auf die Vorlage.

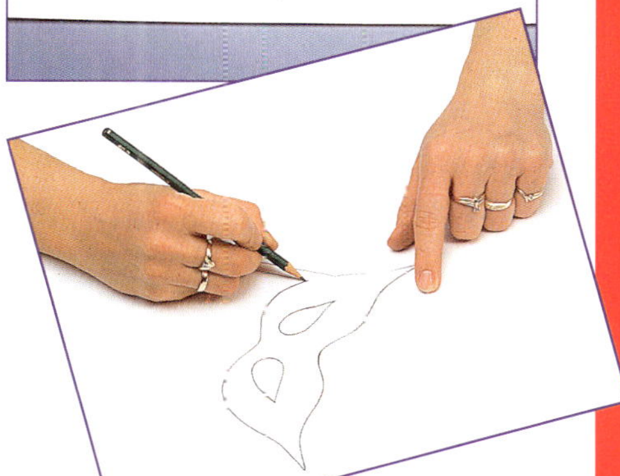

2 Übertragen Sie mit dem Bleistift das ausgewählte Motiv.

3 Das Transparentpapier wird auf eine dünne Pappe geklebt.

4 Schneiden Sie die Figur aus – und fertig ist Ihre Schablone!

So arbeiten Sie Ihr Folien-Fensterbild

1 Da die Folie sich nach dem Ausrollen leicht wellt, sollten Sie von dem benötigten Stück das Schutzpapier vorsichtig lösen, um es dann wieder mit der flachen Hand glatt auf die Folie zu kleben.

2 Legen Sie die Schablone auf die Folie, und umfahren Sie sie mit einem weichen Bleistift. Bei dunkler Folie benutzen Sie einen weißen Tafelstift.
Bei der selbsthaftenden Fensterfolie übertragen Sie, im Gegensatz zur selbstklebenden Folie, das Motiv auf die Rückseite, d.h. auf die weiße Schutzschicht. Das ausgeschnittene Motiv erscheint daher seitenverkehrt.

3 Schneiden Sie das Motiv mit einer scharfen Schere oder einem Bastelmesser aus. Kinder arbeiten mit einer Kinderschere.

4 Kleben Sie das Motiv blasenfrei an die Scheibe, wobei das Schutzpapier nach und nach abgelöst wird. Drücken Sie dafür die Folie mit der flachen Hand kräftig gegen die Scheibe, damit die Farbe auch klar von der Rückseite zu sehen ist.
Einzelne Teile werden möglichst exakt angesetzt.

Es hat geschneit

Die Dinos kommen

Schneiden Sie die Augenkreise von der Vorlage aus, und kleben Sie die schwarzen Punkte auf – so sind die Augen auch von draußen zu sehen.

Einfach süß!

Helau!

Der Clown ist da!

Fügen Sie die einzelnen Teile des Clowns paßgenau zusammen. Die Augen, die Nase, der Mund, die Knöpfe und die Flicken werden aus dem Kopf bzw. aus dem roten Anzug ausgeschnitten und dann in den entsprechenden Farben aufgeklebt – so sind sie an der Fensterscheibe auch von außen zu sehen! Die Fliege wird zum Schluß von vorne aufgeklebt.

Oster-
zeit

Damit Ihre Osterdekoration am Fenster auch von draußen zu bewundern ist, fixieren Sie einige Eier mit der nicht klebenden Seite auf der Klebefläche der Wiese – wenn Sie beim Anbringen am Fenster das Schutzpapier der Eier abziehen, ist die komplette Szene beidseitig zu sehen. Das gleiche gilt für das Auge und für das Schwänzchen von Meister Langohr.

Ei, ei, ei...

Alle meine Entchen

Alle meine Entchen

Mein Aquarium

Frühlingsboten

Segeltour

Blütenteppich

Die Punkte des Marienkäfers werden auf den ausgeschnittenen Löchern fixiert, so daß sie auch auf der Rückseite sichtbar sind.

Blubblub

Selbst an runden Fensterscheiben wirken diese Motive nett. Sie erinnern an das Bullauge eines Schiffes.

Mein schönster Luftballon

Blüten-bänder

Je nach Fenstergröße können Sie den Stiel verlängern und Blüten ansetzen.

Regentropfen

Herbstzeit

Wildgänse

Bunte Blätter fallen

Weihnachtszeit

Oh, Tannenbaum

Eisig kalt!

Prosit Neujahr!